Beaude____ _____ _____

Synthèse et caractérisations du dimère homonucléaire complexe

Beaudelaire Zangue Momo

Synthèse et caractérisations du dimère homonucléaire complexe

Bis(μ-pyrazolato-)bis[(formato)(pyrazole)zinc(II)]

Presses Académiques Francophones

Impressum / Mentions légales

Bibliografische Information der Deutschen Nationalbibliothek: Die Deutsche Nationalbibliothek verzeichnet diese Publikation in der Deutschen Nationalbibliografie; detaillierte bibliografische Daten sind im Internet über http://dnb.d-nb.de abrufbar.

Information bibliographique publiée par la Deutsche Nationalbibliothek: La Deutsche Nationalbibliothek inscrit cette publication à la Deutsche Nationalbibliografie; des données bibliographiques détaillées sont disponibles sur internet à l'adresse http://dnb.d-nb.de.

Coverbild / Photo de couverture: www.ingimage.com

Verlag / Editeur:
Presses Académiques Francophones
ist ein Imprint der / est une marque déposée de
OmniScriptum GmbH & Co. KG
Heinrich-Böcking-Str. 6-8, 66121 Saarbrücken, Deutschland / Allemagne
Email: info@presses-academiques.com

Herstellung: siehe letzte Seite /
Impression: voir la dernière page
ISBN: 978-3-8381-4815-1

DEDICACE

Je dédie ce travail à :

❖ Mes parents : **MOMO Charles, DONGMO Esther, JIAZET Jeannette**

❖ Mes frères et sœurs : **KANA MOMO Delphine** (de regrettée mémoire), **KEUATSOP M Pierre, WAMBA M Charly, BOUGUE M Florence, NONGNI M Gérard, LONTSI M Clarisse, DEMANOU M Basile, DONHACHI M Martial, DONTSI M Justin, DONGUE M Michel, METCHI M Idalgo, MEGOUELEM M Radegonde, JIOFACK M Romain, MOMO Viera, MOMO Alvine,**

REMERCIEMENTS

Ce travail a été réalisé au laboratoire de chimie des nuisances et de génie de l'environnement (LACHINGE) de l'Université de Dschang. Il ne saurait être fait sans l'aide d'un certain nombre de personnes qui ont contribué de près ou de loin à sa réalisation.

❖ Je tiens à témoigner ma profonde gratitude :

Au **Dr Jean NGOUNE** qui a dirigé cette thèse et, pour les conseils qu'il m'a prodigués, et enfin pour la sollicitude qu'il a toujours manifesté à mon égard. Il a su m'apprendre une partie de ses vastes connaissances pratiques et encyclopédiques sans jamais compter son temps. Je le remercie d'avoir su me guider, de m'avoir toujours poussé à comprendre et de m'avoir systématiquement poussé vers l'excellence.

Au **Dr KAMGAING Théophile**, à qui j'exprime mes sincères remerciements pour m'avoir accueilli au sein de son laboratoire.

Au **Pr E. ALVAREZ** du « Instituto de Investigaciones Quimicas» (Espagne) pour avoir bien voulu analyser notre composé en utilisant la diffraction aux rayons-X (DRX)

Au **Pr C. PETTINARI** de l'Université de CAMERINO (Italie) pour avoir bien voulu autoriser les analyses spectroscopiques de notre matériau dans son laboratoire

Ma reconnaissance va également à l'endroit de :

❖ Tous les enseignants du Département de Chimie : **Pr TONLE, Pr TAPONDJOU, Dr SOPBUE, Dr GHOGOMU, Dr TENE, Dr KAMGAING, Dr WABO, Dr NGNOKAM, Dr ANAGHO, Dr Mme TAMUNGANG, Dr Mme BETNGA, Dr NDIFOR** pour avoir contribué à ma formation

❖ Tous les enseignants de la Faculté des Sciences ayant participé à ma formation.

❖ Mes oncles, tantes, cousins, grand-mère qui m'ont soutenu tant moralement que physiquement. Je pense ainsi à : **MEGOUELEM Pauline, MELAGHO Odette, NGUEDIA Sébastien, TEUTSA Pierre, NGUI NGUERIN, ZAMBOU Albertine**

❖ Mme **KENFACK Cyprienne,** Pasteurs **LEUDJEU Magloire et WATIO Célestin** pour leurs conseils et les prières multiples

❖ Aux familles **KWEKAM, CHATUE, FOFIE** pour leurs encouragements

❖ Mr **Tagne Thomas Magloire,** pour tout le soutien moral, physique, spirituel, financier et pour tous tes encouragements,

❖ Mes amis **DJIODO Arnaud, YONDJIO Fred, SOH Verlain, WANGUN Parfait, NOUNAH Stephen, PIMBA Lazare, WANDJI Clément, TCHIGHEU Myriam, KETCHASSOP Christelle, TANGKEU Stéphanie, ATSAFACK Jeannine, MOMO Stéphanie, BANGMO Prosper, JIMJIO Love, NANA Rachel, PATRICK Xavier, MOTCHADJE Joël, TENE Magloire, CHEGEUM Emilie, NGANDJOU Patience, NGAMO Félicité, DJOUEDJON Viviane**

❖ A **Mlle DZESSE Christelle** pour ta disponibilité et pour tout le temps consacré.

❖ Mes camarades de promotion avec qui nous avons passé des moments très agréables qui resteront à jamais gravés dans nos mémoires. Je pense ainsi à **MOUAFI Christelle, NONO Hubert, TALLA Phill-Herman**, **YMELE** Ervice, **GUENANG** Léopoldine, **DJIMASSINGAR GOLNGAR**

❖ A tous ceux dont les noms ne figurent pas dans ce document et qui ont contribué de quelque manière que ce soit à sa réalisation, j'exprime ma profonde gratitude.

SOMMAIRE

LISTE DES ABREVIATIONS

RMN: Résonnance Magnétique Nucléaire

DRX : Diffraction Aux Rayons-X

ATG : Analyse Thermogravimétrique

IR : Infra Rouge

O.R.T.E.P : Oak Ridge Thermal Ellipsoid Plot Program

KJ : Kilo Joule

THF : TetraHydroFurane

ppm : Partie par million

TA : Température ambiante

LISTE DES TABLEAUX

LISTE DES FIGURES

RESUME / ABSTRACT

RESUME

La réaction dans le toluène du zinc formate-eau (1/2), $Zn(HCOO)_2.2H_2O$ avec la pyrazole à température ambiante a conduit à l'obtention du dimère homonucléaire complexe neutre bis(μ-pyrazolato-)bis[(formato)(pyrazole)zinc(II)], [$\{Zn(N_2H_4C_3)(OCHO)\}_2(\mu-N_2H_3C_3)_2$]. Diverses techniques pointues de caractérisation (la diffraction aux rayons-X sur monocristal, la spectroscopie IR, la spectroscopie de RMN, l'analyse élémentaire, l'analyse thermogravimétrique) ont été utilisées pour la caractérisation de ce matériau. Il en résulte de toutes ces analyses que ce nouveau matériau cristallise dans le système triclinique, groupe d'espace $P\bar{1}$, avec pour paramètres de maille: a = 8,20 Å,   b = 8,86 Å, c = 14,48 Å, α = 104,9°, β = 91,2° et γ = 106,9° et ayant deux unités dans la maille élémentaire.

L'analyse de la structure moléculaire de notre matériau [$\{Zn(N_2H_4C_3)(OCHO)\}_2(\mu-N_2H_3C_3)_2$] montre que chaque atome de zinc se trouve au centre d'un tétraèdre dont les sommets sont les trois atomes d'azote et un atome d'oxygène issus respectivement des trois pyrazoles (une pyrazole neutre et deux pyrazoles anioniques) et de l'ion formate. Dans cette molécule, les ligands anioniques adoptent les modes de coordination monodentate (ion formato) et bidentate (ion pyrazolato). Les différentes interactions présentes dans ce matériau sont: les liaisons hydrogène intramoléculaires (N-H...O =2,45 Å) et intermoléculaires (N-H...O = 1,99Å), des interactions π-H = 2,87 Å) et les interactions π—π = 3,76 Å.

L'analyse thermogravimétrique montre que le composé est stable jusqu'à 100°C et ne fond pas jusqu'à 350 °C

Mots clés : *Pyrazole, IR, l'analyse aux RX, RMN, ATG,* **Bis(μ-pyrazolato-) bis[(formato)(pyrazole)zinc(II)]** ,

ABSTRACT

The reaction at room temperature of zinc formate-water(1/2), $Zn(HCOO)_2.2H_2O$ with simple pyrazole using toluene as solvent gave rise to the homonuclear dimer complex bis(μ-pyrazolato-)bis[(formato)(pyrazole)zinc(II)]. This compound has been characterized using different technical methods such as X-rays analysis on monocrystal, spectroscopic methods (IR, RMN), thermogravimetric analysis and elementary analysis. The X-rays analysis shows that, the new material $[\{Zn(N_2H_4C_3)(OCHO)\}_2(\mu-N_2H_3C_3)_2]$ crystallizes in triclinic system, space group $P\bar{i}$, with unit cell parameters a = 8,20 Å, b = 8,86Å, c = 14,48Å α = 104,9°, β = 91,2° and γ = 106,9° and having two molecules in the unit cell.

The analysis of the molecular structure of our material $[\{Zn(N_2H_4C_3)(OCHO)\}_2(\mu-N_2H_3C_3)_2]$ shows that the zinc atom is in an tetrahedral environment constitute by three nitrogen atoms (from neutral pyrazole and two ions pyrazolato) and one oxygen atom from the carboxylate group. In this metal complex molecule, anionic ligands adopted preferentially either monodentate (ion formato) or bidentate (ion pyrazolato) coordination mode. The different interactions present in this material are: the intramolecular (N-H...O = 2,45Å) and the intermoluclar (N-H...O = 1,99Å) hydrogen bonds, the π-H = 2, 87 Å and π—π = 3, 76 Å interactions.

The thermogravimetric analysis shows that the compound is stable until 100 °C and doesn't melt upto 350 °C.

Keywords: *Pyrazole, IR, X-rays analysis, NMR, TGA,* ***Bis(μ-pyrazolato-) bis[(formato)(pyrazole)zinc(II)]***

INTRODUCTION

Les complexes supermoléculaires continuent d'attirer fortement l'attention du fait de leurs propriétés physiques et chimiques qui font d'eux d'intéressants matériaux moléculaires pour leurs applications dans les domaines variés tels que la catalyse homogène et / ou hétérogène, les processus de transport, les nouvelles technologies (convertisseurs moléculaires d'énergies ou de lumière, récepteurs moléculaires...) [1]

Depuis quelques années, on assiste à un essor spectaculaire de la chimie des matériaux élaborée en utilisant les outils de la chimie organométallique ou de coordination. Pour voir apparaître de nouvelles propriétés dans un matériau, il faut s'intéresser non seulement aux molécules qui le constituent mais aussi à leur organisation et aux relations intermoléculaires qu'elles entretiennent [2]. La synthèse de ces matériaux est améliorée par la présence des ions métalliques tels que le fer, l'argent, le zinc, etc. Arriver à une architecture contrôlée à partir de molécules qui ont été fabriquées par des réactions chimiques est le principal défi à relever. Notre groupe de recherche s'intéresse depuis quelques années à la synthèse des matériaux supramoléculaires à partir des ligands pyrazoles, indazoles, imidazoles.

Au regard des structures et de la constitution des matériaux, nous pensons qu'un choix judicieux des sels des éléments métalliques, puis celui du ligand organique peut permettre de construire des molécules ayant des propriétés physiques, chimiques, et biologiques aussi attractives que, la conductivité, la supraconductivité, le ferro- ou l'antiferromagnétisme, l'analgésique, l'anticancéreuse. Il est important et de plus en plus urgent de produire de nouveaux matériaux pouvant avoir des propriétés spécifiques. Ainsi les complexes des métaux constituent le fondement de la chimie supramoléculaire. Dans ce travail, nous nous intéressons particulièrement à la pyrazole. Ce composé riche en atome d'azote est à l'origine de la synthèse de nombreux matériaux.

Explorer la réactivité du ligand pyrazole vis-à-vis des métaux de transition en général et ceux de la première série en particulier est notre objectif. Nous nous proposons de synthétiser et de caractériser un matériau nouveau : le bis(μ-pyrazolato-) bis[(formato)(pyrazole)zinc(II)] à partir du zinc formate-eau et de la pyrazole.

Nous présentons dans la première partie de ce travail, quelques généralités tirées de la littérature sur le métal zinc, sur les pyrazoles et sur l'anion formate. Dans la deuxième partie (chapitre 2), nous allons décrire de façon succincte le processus de synthèse et les techniques de caractérisation utilisées pour l'analyse du matériau isolé. La troisième partie (chapitre 3) est consacrée à la présentation de tous les résultats expérimentaux obtenus et leur discussion. La quatrième partie présente une conclusion de ce travail et surtout fait des suggestions éventuelles pour le futur.

CHAPITRE 1 :

REVUE DE LA LITTERATURE ET

GENERALITES

1-1. GENERALITES SUR L'ELEMENT ZINC

Le zinc est le second élément chimique de la première série de transition de la classification périodique ayant la sous-couche électronique « d » pleine. Il a pour symbole Zn et pour numéro atomique 30. Le zinc dérive du mot Allemand Zinke (qui signifie « pointe » ou « dent ») [3]. C'est le 24e élément le plus abondant de la croûte terrestre [4]. Il a été découvert par Andréas Marggraf (Allemagne) en 1746 [5]. Il est présent dans l'air, l'eau, les sols et dans beaucoup d'aliments. Le zinc existe dans l'eau sous diverses formes: ions hydratés ($Zn(H_2O)^{2+}$), zinc complexé par des ligands organiques (acides fulviques et humiques), zinc adsorbé sur de la matière solide, zinc oxyde ... Dans l'environnement, le zinc se trouve principalement sous forme de blende (ZnS), et sous d'autres formes telles que la smithsonite $ZnCO_3$, l'hémimorphite ($Zn_4[(OH_2Si_2O_7]H_2O$) ou l'hydrozincite ($Zn_3(OH)_6(CO_3)_2$), mais plusieurs formes ioniques peuvent se retrouver dans le sol. Le zinc s'accumule à la surface des sols. L'adsorption du zinc dans le sol peut se faire selon deux mécanismes :

- En milieu acide par échange de cations
- En milieu alcalin par chimisorption, sous l'influence des ligands organiques

Le zinc est produit principalement par les procédés hydrométallurgiques et pyrométallurgiques. Il provient également de minerais de plomb dans lesquels il est toujours associé au cadmium. Chacun de ces procédés permettant d'obtenir soit du zinc métallique soit certains de ses oxydes purs. Le procédé hydrométallurgique comprend les étapes suivantes :

► Grillage du Zinc sulfure (ZnS) pour obtenir du zinc oxyde (ZnO) et supprimer certaines impuretés (Fer)

► Lixiviation pour solubiliser le zinc sous forme de zinc sulfate ($ZnSO_4$)

► Cémentation pour éliminer les impuretés : Cobalt, Nickel, Cadmium et cuivre de la solution de zinc sulfate

► Electrolyse pour transformer le zinc sulfate en zinc métal [6,7].

La lixiviation a pour but de mettre en solution le zinc sous forme de Zn^{2+} en obtenant la transformation soit du zinc sulfate issu directement du minerai, soit du zinc oxyde (calcine) issu du grillage du zinc sulfate ($ZnSO_4$). Pour cela on traite soit de la calcine issue de l'opération de grillage, soit directement le zinc sulfure, ce dernier procédé étant plus récent que le traitement du zinc oxyde. Le principe de la cémentation est de mettre en contact l'ion métal (exemple Cu^{2+}) avec un métal ayant un pouvoir réducteur plus important (moins électronégatif). On utilise ici de la poudre fine de zinc. On a une réaction du type :

$$Cu^{2+}_{(aq)} + Zn_{(s)} \longrightarrow Cu_{(s)} + Zn^{2+}$$

L'électrolyse est effectuée en faisant passer un courant électrique entre deux électrodes dans la solution de zinc sulfate obtenue à l'issue de l'opération de cémentation. La réaction globale est :

$$ZnSO_4 + H_2O \longrightarrow Zn_{(s)} + H_2SO_4 + 1/2O_2$$

Le procédé pyrometallurgique comprend les étapes suivantes :

► Grillage du zinc sulfure (ZnS) pour obtenir du zinc oxyde (ZnO)

► Réduction de l'oxyde pour obtenir du zinc métallique (Zn)

► Affinage du zinc par liquation et distillation pour supprimer les impuretés comme le plomb ou le fer [8].

L'obtention du zinc oxyde ZnO est réalisée à une température comprise entre 910 °C et 980 °C.

$$ZnS + 3/2O_2 \longrightarrow ZnO + SO_2$$

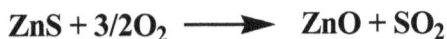

Pour réduire le zinc oxyde, il faut le chauffer à une température supérieure à la température de vaporisation du zinc (907 °C). Le zinc est un métal de couleur bleu-gris, brillant, diamagnétique moyennement réactif, qui se combine avec de l'oxygène et d'autres non-métaux, et qui réagit avec des acides dilués en dégageant de l'hydrogène. Il est moins dense que le fer et cristallise dans le système hexagonal. Ce métal est dur et cassant à certaines températures mais devient malléable entre 100 et 150 °C. L'essentiel de ses propriétés physico-chimiques est reporté dans le tableau ci-dessous.

Tableau 1-1 : Quelques données physico-chimiques du zinc

Numéro atomique (z)	30
Masse atomique (A)	65,37 g.mol^{-1}
Electronégativité de PAULING (χ)	1,6
Masse volumique (ρ)	7,11 g.cm^{-3} à 60 °C
Température de fusion (T$_f$)	420 °C
Température d'ébullition (T$_{eb}$)	907 °C
Conductibilité thermique	116W m^{-1}k^{-1}
Enthalpie d'évaporation	114,2 KJ mol^{-1}
Chaleur d'atomisation	130,181 KJ. mol^{-1}
Enthalpie de fusion	6,67 KJ. mol^{-1}
Energie de première ionisation [9]	906,5 KJ.mol^{-1}
Energie de deuxième ionisation	1733 KJ.mol^{-1}
Volume molaire (293 K)	9,17 cm^3.mol^{-1}
Densité (293 K)	7133
Rayon atomique (VAN DER WAALS)	0,138 nm
Rayon ionique (r$_i$)	0,074 nm
Isotopes [10]	^{64}Zn, ^{66}Zn, ^{67}Zn, ^{68}Zn, ^{70}Zn
Configuration électronique	1s^{2}2s^{2}2p^{6}3s^{2}3p^{6}3d^{10}4s^2
Potentiel standard	- 0,76 V/ E°H$_3$0$^+$/H$_2$

Le zinc réagit chimiquement soit à l'état de métal soit à l'état d'ion Zn^{2+}. Son unique état d'oxydation stable connu est +II. Il résulte de la perte des deux électrons de sa sous-couche «*4s*». Le zinc métallique brûle dans l'air (flamme bleue-verdâtre) pour donner l'oxyde de zinc. Il réagit avec les bases, les acides forts et les non métaux (soufre, oxygène, phosphore etc…) selon les équations suivantes :

$$Zn(s) + 2H^+ (aq) \longrightarrow Zn^{2+} (aq) + H_2(g)$$

$$Zn(s) + 4OH^- (aq) \longrightarrow Zn(OH)_4^{2-} (aq) + 2e-$$

Les produits de ces réactions étant donc des sels tels que $Zn(NO_3)_2$, $ZnCl_2$, $ZnSO_4$, ou des complexes, tous des composés incolores dans lesquels le zinc est à son unique état d'oxydation. Les autres sels tels que $Zn(OOCCH_3)_2$, $Zn(OOCH)_2$ contiennent les molécules d'eau de cristallisation, alors que la forme α du zinc formate, $[Zn_3(OOCH)_6](HCOOH)$ peut accepter dans son réseau diverses molécules telles que CH_3OH, CH_3CN, C_6H_6, C_4H_4O, $(CH_3)_2CO$ ou le THF [11].

La chimie de coordination du zinc est un domaine vaste. Il est décrit des composés organométalliques et de coordination contenant essentiellement l'ion Zn^{2+}. Les complexes de zinc sont assez nombreux et peuvent être soit cationiques, anioniques ou neutres. Ces complexes sont importants car ils sont utilisés dans la synthèse de certains polymères. Le zinc chlorure est important dans le processus de vulcanisation, la synthèse chimique, la fabrication du papier. Le complexe $(NH_4)_2[ZnCl_4]$ est utilisé comme fluide pour la soudure. Les complexes de coordination de zinc adoptent plusieurs modes de coordination. Nous pouvons citer:

- Coordination 2 :

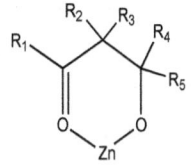

- Coordination 3 ou trigonale plan:

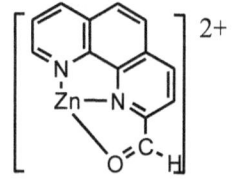

- Coordination 4 ou tétraédrique ou plan carré :

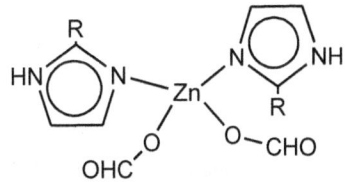

- Coordination 5 ou bipyramide trigonale:

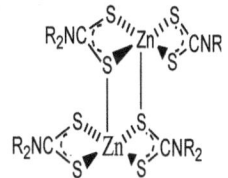

- Coordination 6 ou octaédrique:

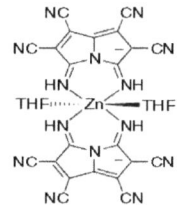

- Coordination 7 ou bipyramide pentagonale :

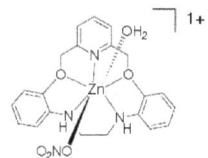

9

Toutefois les modes de coordination tétraédrique et octaédrique sont les plus rencontrés contrairement aux coordinations 2, 3, 5 et 7. Les diverses géométries de ces complexes sont essentiellement dictées à la fois par la taille et la charge des ligands ; étant entendu que la configuration d^{10} du zinc central ne permet pas la stabilisation par le champ cristallin.

Sur le plan des applications, le zinc est présent dans les tissus du corps et joue un rôle important dans le système immunitaire [12]. Il joue plusieurs rôles dans la structure et l'activation de plusieurs enzymes, particulièrement dans la synthèse de l'ADN, l'ARN et des protéines [13,14]. Le zinc notamment considéré comme un catalyseur acide favorise la coupure des chaines peptidiques. Il intervient dans le métabolisme, la cicatrisation, la croissance, mais aussi en tant que cofacteur dans la synthèse des acides gras polyinsaturés.

Sur le plan industriel, le zinc est largement utilisé comme agent corrosif (protection de l'acier et d'autres métaux) et comme matériel d'anode dans les batteries. L'un des principaux alliages du zinc est le laiton (alliage cuivre zinc), bon conducteur d'électricité et présentant une excellente résistance à la corrosion. Cet alliage sert à la confection d'outils, de tuyauterie, d'instrument de musique et d'équipement de communication. Le zinc oxyde est utilisé dans la fabrication de peintures, de produits à base de caoutchouc, de plastiques, d'encres d'impression, de produits textiles, de cosmétiques, de savons et de produits pharmaceutiques. Le zinc chlorure est un bon agent de conservation du bois. Le zinc sulfure quant à lui, est principalement employé dans la confection de cadrans lumineux, d'écrans de télévision, de peintures (peu toxiques) et de lumières fluorescentes.

En médecine, le zinc est utilisé pour ses propriétés anti oxydantes qui protègent contre le vieillissement prématuré de la peau et des muscles du corps. Une carence alimentaire maternelle en zinc peut altérer le développement du cerveau du fait des perturbations dans la formation des microtubules [15].

En agriculture, le zinc est nécessaire dans les engrais pour améliorer le rendement des récoltes, il a été utilisé comme apport d'oligo-élément essentiellement en zone de sols fortement calcaire. Le zinc est aussi utilisé pour purifier l'eau

1-2. GENERALITES SUR LES LIGANDS

1-2-1. Le ligand pyrazole

Les pyrazoles sont des composés organiques appartenant à la grande famille des composés hétérocycliques aromatiques contenant au moins un atome d'azote (azoles) et caractérisé par un pentacyle aromatique plan constitué de trois atomes de carbone et deux atomes d'azote adjacents. Les pyrazoles sont classées comme des alcaloïdes et sont assez rares dans la nature. Le plus simple d'entre elles est un composé pentacyclique aromatique constitué de trois atomes de carbone et deux atomes d'azote adjacents, de formule moléculaire $C_3H_4N_2$: le 1,2-diazacyclopenta-2,4-diène dont la figure 1-1 montre la structure [16].

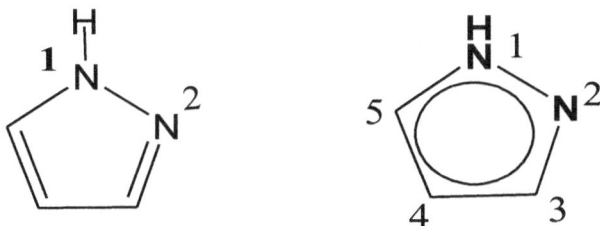

Figure 1-1 Structure de la pyrazole ou le 1,2-diazacyclopenta-2,4-diène

Les pyrazoles peuvent être synthétisées de plusieurs façons dont deux exemples sont illustrés ci dessous.

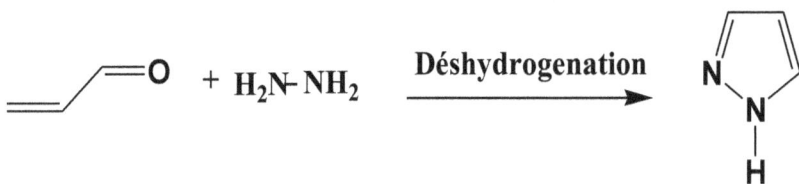

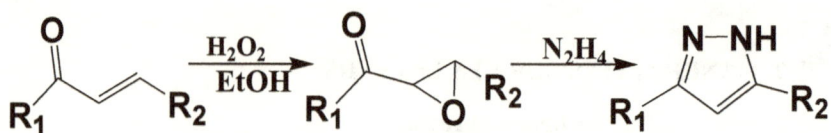

Les pyrazoles sont des molécules assez réactives; leur réaction avec le potassium borohydrure donne une nouvelle et importante classe de ligands anioniques ou molécules appelées scorpionates [17,18]. Ces ligands isostructuraux et isoélectroniques des poly(pyrazolyl)alcanes réagissent aisément avec divers métaux de transition pour former des complexes très stables [19,20].

La réactivité est principalement dictée par les deux atomes d'azote, le proton H de l'azote N-1 et dans une certaine mesure le noyau aromatique reconnu assez stable aux attaques chimiques. En effet, un des atomes d'azote dispose de son double libre alors que celui de l'autre est impliqué dans la formation du noyau aromatique dans le pentacycle.

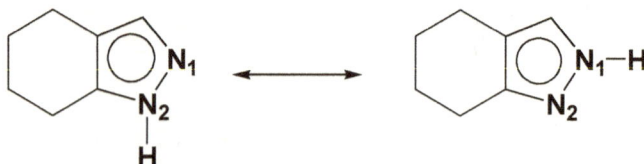

Figure 1-2 : *Tautomérie dans les pyrazoles*

Ce cycle diazoté présente un sextet électronique qui forme un noyau pseudo-aromatique rendant l'azote N_1 plus basique à cause de son doublet libre disponible, le doublet de l'azote N_2 étant engagé dans le sextet électronique. Toutefois, l'atome d'hydrogène est indifféremment lié soit à N_1 soit à N_2 (**fig. 1-2**).

Un des atomes d'azote peut évidemment servir pour établir des liaisons de coordination. Un nombre impressionnant de composés de coordination à base des ligands pyrazoliques a été déjà isolé et complètement caractérisé [21, 22, 23,24].

Les pyrazoles sont des amphotères. En effet, en présence d'une base de force suffisante, la pyrazole se comporte comme un acide d'Arrhénius en libérant le proton fixé sur un des atomes d'azote. Cette déprotonation conduit à la formation de l'anion pyrazolate résultant ainsi une possibilité supplémentaire de coordination. Le site basique est évidemment l'azote ne portant pas l'atome d'hydrogène. La présence du noyau aromatique fait des pyrazoles, de ligands assez intéressants pour la synthèse des composés organométalliques. La pyrazole utilise dans ce cas les électrons-π délocalisés de son noyau.

L'importance des pyrazoles s'étend du champ de la chimie de coordination à celui de la médecine en passant par la catalyse (homogène, hétérogène et même asymétrique) [25,26]. Particulièrement en médécine, les pyrazoles sont utilisées comme analgésique, anti-inflammatoire, antipyrétique, tranquillisant, anti-convulsant et pour la relaxation des muscles; elles sont aussi utilisées pour leurs activités antidiabétiques et antibactériennes [27,28].

Les ligands pyrazoles ont une large variété d'application en chimie de coordination. La chimie de coordination impliquant les ligands pyrazoles dépend essentiellement de l'azote N-2 qui dispose d'un doublet d'électrons libre lui permettant de réagir comme base de Lewis. Plusieurs réactions des pyrazoles sollicitent ce doublet en milieu neutre. En milieu suffisamment basique par contre, l'atome d'hydrogène est enlevé donnant ainsi à l'azote N-1 la possibilité soit de se coordiner à un atome de métal central, soit de se lier à un carbone électrophile enfin de former des dinucléaires par formation des ponts entre deux centres métalliques. L'établissement de cette liaison C-N a permis d'ailleurs le développement par Trofimenko d'une nouvelle classe de ligands azotés polydentés appelée poly(pyrazolyl)alcane (**fig 1-3**). [29]

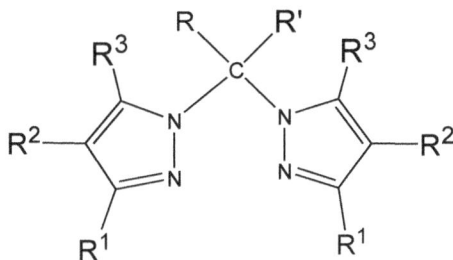

Figure 1-3*: Structure générale des poly(pyrazolyl)alcanes*

La formation des dinucléaires ou des mononucléaires est cependant assez fréquemment observée en milieu neutre.

1-2-2. Le ligand formate

L'anion formate ou le groupe formato a des modes de coordination essentiellement identiques à ceux d'autres carboxylates. Cette coordination à divers métaux ne peut être influencée que par les divers substituants sur le radical alkyle du carboxylate. Dans les complexes ayant les carboxylates comme co-ligands, on les y trouve fréquemment coordinés en modes monodentate ou unidente, bidentate chélatant (symétrique ou asymétrique) et enfin, pontant entre deux centres métalliques [30]. La figure suivante illustre ces quelques modes usuels de coordination des carboxylates.

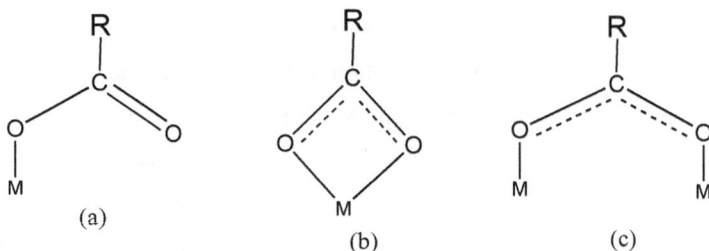

Figure 1-4: *Quelques modes usuels de coordination des carboxylates :*
(a) Coordination monodentate, (b) coordination bidentate chélatant, (c) μ-pontant

Après ces quelques généralités se rapportant à la revue de la littérature, nous allons dans le chapitre suivant, décrire sommairement la méthode de synthèse et les techniques de caractérisation utilisées pour la description du matériau isolé.

CHAPITRE 2 :
MATERIELS ET METHODES

2-1. REACTIFS, SOLVANTS ET MATERIELS

2-1-1. Réactifs et solvants

Les réactifs et les solvants utilisés pour cette synthèse proviennent de la source commerciale. Ils ont été utilisés sans purification supplémentaire. Ce sont :

> - Le zinc formate-eau(1/2), $Zn(HCOO)_2.2H_2O$ (qualité analytique)
> - La pyrazole, $C_3H_4N_2$, (99,8%, Sigma-Aldrich)
> - Le toluène, (Sigma-Aldrich)

2-1-2. Matériels

Pour la réalisation de ce travail, nous avons utilisé les matériels suivants:

> - La balance électronique de marque Sartorius, type T E 153S -DS
> - Un agitateur magnétique équipé de barreaux aimantés.
> - Un ballon, un entonnoir, des supports, des pinces et bien d'autres matériels de laboratoire couramment utilisés.

2-1-3. Synthèse du composé

Une réaction est effectuée entre le zinc formate-eau(1/2) et la pyrazole dans le toluène, à température ambiante (TA). Celle-ci dure quarante huit heures de temps environ au terme desquelles on obtient le composé à caractériser. L'équation de cette réaction est la suivante :

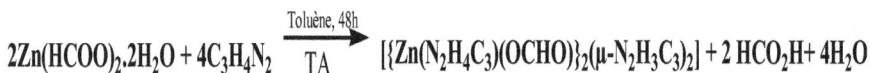

$$2Zn(HCOO)_2.2H_2O + 4C_3H_4N_2 \xrightarrow[\text{TA}]{\text{Toluène, 48h}} [\{Zn(N_2H_4C_3)(OCHO)\}_2(\mu\text{-}N_2H_3C_3)_2] + 2\,HCO_2H + 4H_2O$$

Dans un ballon de 100 mL contenant environ 30 mL de toluène, est introduite la poudre incolore du zinc formate-eau(1/2) (100 mg; 0,52 mmol) qui s'est dissoute au bout de trente minutes environ, à température ambiante et sous agitation magnétique. A la solution incolore obtenue a été ajoutée la pyrazole, $C_3H_4N_2$ (210 mg, 3,12 mmol). Le mélange liquide résultant est maintenu sous agitation pendant deux jours. Pendant ce temps il s'est formé un précipité incolore dans le ballon. Le précipité ainsi obtenu (70 mg) a été isolé par simple filtration et séché sur du papier filtre. Le filtrat obtenu est laissé à température ambiante pendant un jour jusqu'à évaporation quasi-complète du solvant. Il en résulte un résidu solide de 193 mg. Le rendement de cette synthèse est d'environ 80%.

2-2. TECHNIQUES DE CARACTERISATION

Nous nous proposons dans cette sous-section de faire une présentation sommaire des différentes techniques nous ayant permis de faire la description complète du composé ainsi isolé.

2-2-1. Mesure du point de fusion

Le point de fusion représente la température à une pression donnée, à laquelle un composé chimique passe de l'état solide à l'état liquide. Lorsqu'un corps solide pur est chauffé, la température augmente jusqu'à atteindre le point de fusion. Là, la température reste constante tant que le corps n'est pas passé entièrement sous phase liquide. Il existe différents appareils de mesure du point de fusion qui peuvent être constitués soit d'une plaque métallique chauffante tel le banc köffler, soit d'un bain d'huile tel le tube de Thièle. Pour le cas présent, le point de fusion a été mesuré à l'aide d'un microscope à platine chauffante de marque REICHERT.

2-2-2. Analyse élémentaire

Cette technique est utilisée pour déterminer les quantités relatives de certains éléments (carbone, hydrogène, soufre, phosphore etc...) constitutifs de l'échantillon de ce matériau. L'analyse des éléments C, H, N s'est faite sur un appareil de marque FISONS INSTRUMENTS 1108 CHNS-O du Département des Sciences Chimiques de l'Université de Camerino (Italie).

2-2-3. Spectroscopie Infra Rouge (IR)

La spectroscopie Infra Rouge (IR) est l'une des techniques les plus utilisées pour la caractérisation des composés organiques et inorganiques. Elle permet d'obtenir des informations sur la nature des groupements fonctionnels présents dans un composé. Pour le cas présent, le spectre Infra Rouge a été enregistré sur le spectrophotomètre Perkin-Elmer FT-IR 100 du Département des Sciences Chimiques de l'Université de Camerino (Italie)

2-2-4. Spectroscopie de Résonnance Magnétique Nucléaire

La résonnance magnétique nucléaire (RMN) est une technique d'analyse chimique et structurale, applicable aux particules ou ensemble de particules ayant un spin nucléaire non nul. Son principe exploite la propriété qu'ont les noyaux atomiques de se comporter comme des dipôles magnétiques dans un champ magnétique. Le spectre de RMN (400 MHz, ^{1}H) a été enregistré sur un spectromètre Mercury Plus Varian 400 du Département des Sciences Chimiques de l'Université de Camerino (Italie).

2-2-5. Analyse thermogravimétrique

L'analyse thermogravimétrique (**ATG**) est une technique d'analyse qui consiste en la mesure de la variation de masse d'un échantillon en fonction de la température. Une telle analyse exige une bonne précision pour les trois mesures : poids, température et variation de température. L'ATG est souvent employée dans la recherche et les essais pour déterminer les caractéristiques de matériaux tels que les polymères, ainsi que pour estimer la cinétique d'oxydation en corrosion à haute température. L'échantillon a été placé sous atmosphère d'azote pendant son analyse thermogravimétrique faite sur une thermo-balance de type Perkin-Elmer STA 6000 du Laboratoire de Chimie de Coordination du Prof Pettinari de l'Université de Camerino.

2-2-6. Diffraction aux rayons-X (DRX)

C'est une technique utilisée pour obtenir des renseignements exacts sur le mode d'agencement des atomes d'un composé cristallisé. Elle est fondée sur la diffraction des rayons-X sur la matière. L'appareil de mesure s'appelle un diffractomètre. Les données collectées forment le diagramme de diffraction ou diffractogramme. Dans notre cas l'analyse a été faite au « Instituto de Investigaciones Quimicas » (Séville, Espagne) par le Professeur E. Alvarez utilisant un diffractomètre de type Bruker-Nonius X8APEX-II CCD; celui-ci utilise une radiation monochromatique λ (Mo $K_{\alpha l}$) = 0,71073 Å.

Procédure: Un monocristal de dimensions 0,24 mm x 0,18 mm x 0,12 mm est monté sur une fibre en verre à l'aide du polyéther perfluoré sec. Cette fibre est fixée au sommet du goniomètre et le monocristal arrosé par un courant d'azote liquide (T = 173(2) K). Les données ont été réduites suivant la méthode SAINT [31] et corrigées pour l'influence de la polarisation de Lorentz et l'absorption, par la méthode des scannages multiples appliquée par SADABS [32]. La structure a été élucidée par les méthodes directes (SIR-2004) [33], et affinée en fonction de toutes les données de F^2 par la technique des moindres carrés intégrale (SHELXTL-6.12) [34].

CHAPITRE 3 :

RESULTATS ET DISCUSSION

Nous consacrons ce chapitre à la présentation des résultats obtenus des différentes méthodes d'analyse suscitées pour la description complète du produit synthétisé.

3-1 SYNTHESE

La réaction dans le toluène du zinc formate-eau(1/2) avec la pyrazole à température ambiante pendant deux jours a donné le complexe incolore suivant

$[\{Zn(N_2H_4C_3)(OCHO)\}_2(\mu\text{-}N_2H_3C_3)_2]$. Ce complexe s'avère stable à température ambiante. Il s'est montré assez insoluble dans plusieurs solvants organiques mais soluble dans le DMSO. Le rendement de cette synthèse est d'environ 80%.

Figure 3-1 Photo des cristaux de $[\{Zn(N_2H_4C_3)(OCHO)\}_2(\mu\text{-}N_2H_3C_3)_2]$

3-2 CARACTERISATIONS DU PRODUIT SYNTHETISE

3-2-1 Le point de fusion

La détermination du point de fusion a montré que le produit synthétisé ne fond pas jusqu'à 350 °C, température limite de l'instrument de mesure. Son point de fusion est probablement au dessus de 350 °C.

3-2-2 Analyse élémentaire

Les résultats expérimentaux obtenus issus de l'analyse du composé isolé et les valeurs théoriques relatives à sa formule brute sont consignés dans le tableau 3-1.

Tableau 3-1 : *Pourcentages des éléments analysés (CHN)*

	%C	%N	%H
Valeurs expérimentales	33,36	21,34	3,17
Valeurs théoriques	34,24	22,81	3,26

La comparaison des pourcentages théoriques et expérimentaux des éléments C, N et H analysés nous permet de proposer au produit synthétisé la formule moléculaire

$[\{Zn\,(N_2H_4C_3)(OCHO)\}_2(\mu\text{-}N_2H_3C_3)_2]$

3-2-3 Spectroscopie Infra Rouge

Le composé synthétisé soumis à l'analyse Infra Rouge (IR) nous a permis d'enregistrer dans région $4000 - 650$ cm^{-1} le spectre de la figure 3-2 ci-après.

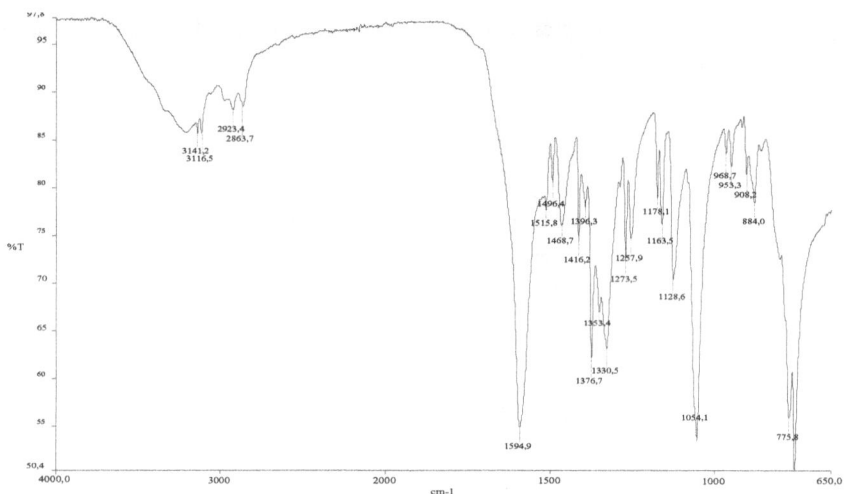

Figure 3-2 : *Spectre Infra Rouge de [{Zn(N₂H₄C₃)(OCHO)}₂(μ-N₂H₃C₃)₂]*

Le composé soumis à l'analyse IR nous a permis d'enregistrer le spectre dans la région 4000-650 cm^{-1}. On observe une absence de bande d'absorption vers 3500 cm^{-1} due aux vibrations des OH des molécules d'eau. Ce qui signifie que le composé ne contiendrait pas de molécules d'eau. On observe deux bandes à 3100 cm^{-1} attribuables aux vibrations de valence N-H de la pyrazole. Ces bandes attendues vers 3300 cm^{-1} se sont déplacées légèrement vers les faibles nombres d'onde [11]. Ceci pourrait se traduire par le fait que ce proton serait engagé dans des liaisons hydrogènes ou les interactions hydrogènes. Les bandes observées à 2923,4 cm^{-1} et 2863,7 cm^{-1} sont celles des vibrations de valence de C-H du cycle pyrazolique. La bande intense observée à 1594,9 cm^{-1} est caractéristique des vibrations de valence de C=C, C=N du cycle pyrazole et C=O de l'ion formate. Un tel comportement a été déjà observé avec le complexe bisformatobis(2-isopropylimidazole)zinc(II) [Zn(N₂H₁₀C₆)₂(OCHO)₂] [11]. Dans la région 900-700 cm^{-1} on observe les bandes caractéristiques des battements des noyaux aromatiques. Le spectre de notre matériau montre donc différentes bandes d'absorption facilement attribuables aux diverses fonctions du matériau. L'analyse infra rouge confirme tout comme l'analyse micro-élémentaire la formulation [{Zn(N₂H₄C₃)(OCHO)}₂(μ-N₂H₃C₃)₂] pour le matériau

23

isolé. Le tableau 3-2 présente des bandes attribuables a certains groupements fonctionnels

Tableau 3-2 : Interprétation des bandes d'absorption.

Bandes (cm^{-1})	Attributions
3200 - 3050	N-H
2900 - 2850	C-H
1600 - 1500	C=O, C=N, C=C
900 - 700	aromatique

3-2-4 Spectroscopies de Résonnance Magnétique Nucléaire ^{1}H

La figure 3-3 présente le spectre RMN ^{1}H (400 MHz, DMSO) de

[{Zn(N$_2$H$_4$C$_3$)(OCHO)}$_2$(μ-N$_2$H$_3$C$_3$)$_2$].

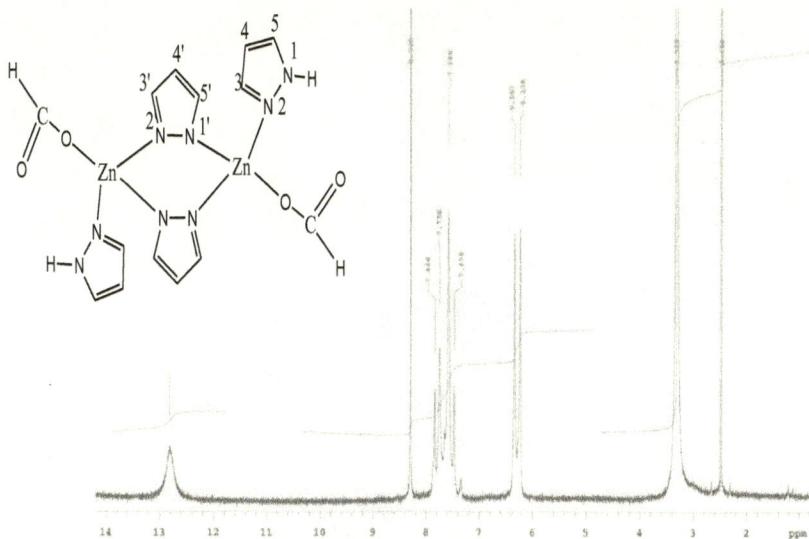

Figure 3-3 : *Spectre de RMN ^1H (400 MHz, DMSO) de [{Zn(N$_2$H$_4$C$_3$)(OCHO)}$_2$(μ-N$_2$H$_3$C$_3$)$_2$]*

Ce spectre RMN ^{1}H, nous présente les signaux de quatre types de protons. On observe deux singulets. L'un centré à δ = 12,8 ppm (2H, s, 2NH) attribuable au proton de la pyrazole neutre et l'autre à δ = 8,30 ppm (2H, s, 2COOH), est attribuable au proton du carboxylate. Les protons H-3, H-5 sont identiques et apparaissent sous forme de multiplet à δ = 7,84 ppm (8H, m, H-3, H-5). Cette multiplicité est due au fait que la molécule ne présente pas une symétrie parfaite. On observe enfin un doublet à δ = 6,27ppm (4H, d, H-4) attribuable au proton H-4 du cycle pyrazolique. Le spectre RMN confirme tout comme l'infra rouge et l'analyse élémentaire que le composé synthétisé est le [{Zn(N$_2$H$_4$C$_3$)(OCHO)}$_2$(μ-N$_2$H$_3$C$_3$)$_2$]

3-2-5 Analyse thermogravimétrique

Le composé a été soumis à l'analyse thermogravimétrique dans le but d'étudier sa stabilité thermique. Le résultat obtenu est représenté à la figure 3-4.

25

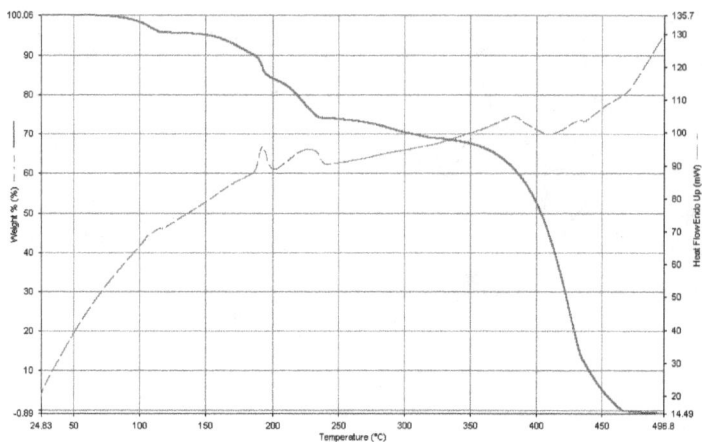

Figure 3-4: *Courbes thermogravimétriques de [{Zn(N₂H₄C₃)(OCHO)}₂(μ-N₂H₃C₃)₂]* *(bleue = variation de masse, rouge = variation de la quantité de chaleur) sous N₂*

Cette figure nous présente deux courbes enregistrées dans l'intervalle de température 25°C à 500 °C. La courbe en bleu traduit la variation de masse de l'échantillon soumis à l'analyse alors que celle en rouge indique la variation de la quantité de chaleur du système.

L'analyse de la courbe bleue montre trois paliers et deux pertes de masse. Elle révèle que [{Zn(N₂H₄C₃)(OCHO)}₂(μ-N₂H₃C₃)₂] est thermiquement stable jusqu'à 100 °C environ (premier palier). A partir de cette température, le matériau perd graduellement des masses évaluées globalement à 30% correspondant approximativement au départ de deux molécules de pyrazole (27,7%). Le produit résultant à cette température est manifestement peu stable et, se décompose à son tour ou se volatilise dès 375 °C. La perte de masse correspondante (70% environ) montre évidement que cette décomposition conduit à un produit gazeux.

La courbe d'évolution de chaleur (courbe en rouge) présente quatre processus endothermiques aux températures respectives 120 °C, 190 °C, 230 °C et 370 °C.

Le processus intervenant à 120 °C est peu sensible alors que ceux observés aux températures supérieures sont importants. L'enthalpie liée aux transformations centrée à 190 °C et 230 °C est estimée à $\Delta H_f = 0,16$ KJ.mol^{-1} (Voir fig. 3-5)

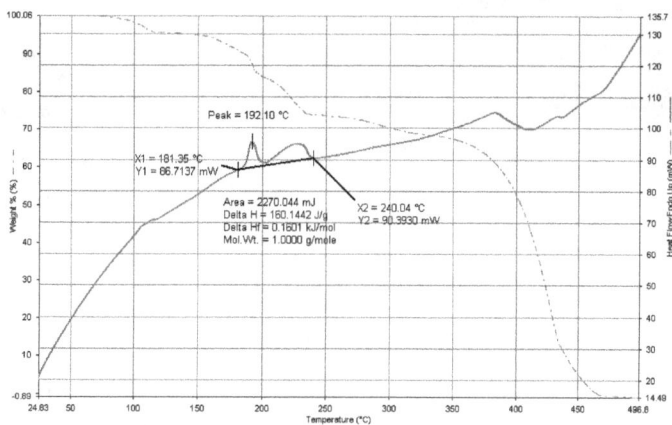

Figure 3-5: courbe d'évolution de la chaleur

L'analyse thermogravimétrique n'ayant pas signalé un départ de molécules d'eau (coordinées ou non), confirme aussi les résultats des analyses micro-élémentaire et spectroscopiques.

3-2-6. Analyse aux rayons-X

La structure cristalline moléculaire du $[\{Zn(N_2H_4C_3)(OCHO)\}_2(\mu\text{-}N_2H_3C_3)_2]$ a été obtenue par une analyse aux rayons-X sur monocristaux. Les vues MERCURY et ORTEP de la structure cristalline du bis(μ-pyrazolato-) bis[(formato)(pyrazole)zinc(II)] sont présentées à la figure 3-6

27

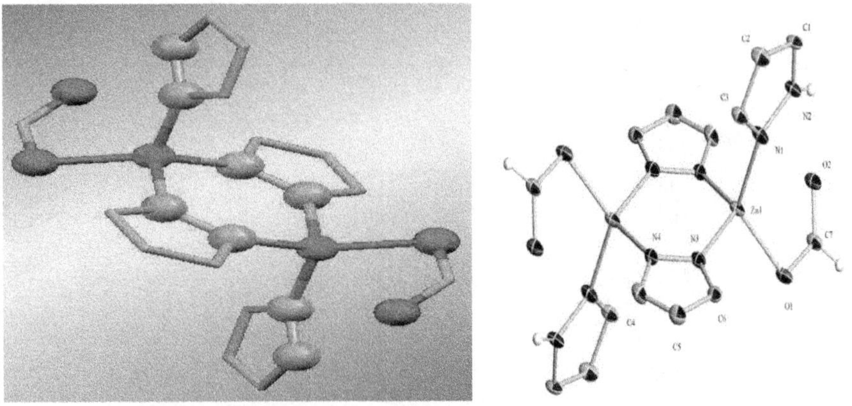

(a)   (b)

Figure 3-6: *Structure moléculaire de [{Zn(N₂H₄C₃)(OCHO)}₂(µ-N₂H₃C₃)₂]*
a) Vue MERCURY, Zn (rose), N (bleu), O (rouge),
(les hydrogènes ont été omis par soucis de clarté)
b) Vue ORTEP montrant la numérotation et la désignation des divers atomes

La figure 3-7 présente les détails de l'empilement des molécules de

[{Zn(N₂H₄C₃)(OCHO)}₂(µ-N₂H₃C₃)₂] et la cellule unitaire dans laquelle il cristallise

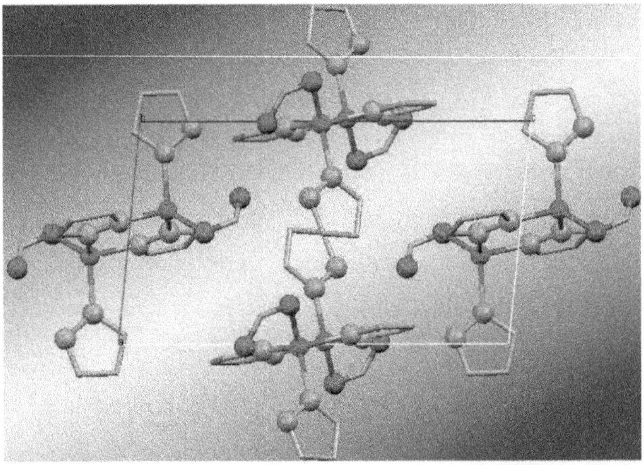

Figure 3-7 : *Détails de l'empilement suivant l'axe cristallographique **b** de la structure*
de [{Zn(N₂H₄C₃)(OCHO)}₂(µ-N₂H₃C₃)₂] montrant la cellule unitaire.

Toutes les données cristallographiques de ce complexe sont résumées dans le

tableau 3-3 ci dessous.

Tableau 3-3 : *Données cristallographiques de [{Zn(N$_2$H$_4$C$_3$)(OCHO)}$_2$(μ-N$_2$H$_3$C$_3$)$_2$]*

Formule empirique	C$_{14}$H$_{16}$N$_8$O$_4$Zn$_2$
Masse molaire	491,09
Température	173(2) K
Longueur d'onde	0,71073 Å
Système cristallin	Triclinique
Groupe d'espace	P$\bar{1}$
Dimensions de la maille unitaire	a = 8,205(3) Å α= 104,929(14)°.
	b = 8,864(5) Å β= 91,214(11)°.
	c = 14,486(7) Å γ = 106,921(8)°.
Volume	968,6(8) Å^3
Z	2
Masse volumique	1,684 mg/m^3
Coefficient d'absorption	2,514 mm^{-1}
F(000)	496
Taille du cristal	0,24 x 0,18 x 0,12 mm^3
Intervalle θ des données	1,46 à 26,25°.
Intervalles d'indice	-10<=h<=8, -10<=k<=10, -17<=l<=17
Nombre de réflexions collectées	22162
Réflexions indépendantes	3845 [R(int) = 0,0674]
Etat complet pour θ = 26,25°	98,3 %
Correction d'absorption	équivalence semi-empirique
Transmission Max et min.	0,7523 et 0,5836
Méthode de raffinement	pleine matrice des carrées de F^2
Données /restrictions / paramètres	3845 / 0 / 253
Qualité d'accès de F^2	1,031
Indices R Finales [I>2sigma(I)]	R1 = 0,0678, wR2 = 0,1454
Indices R (toutes données)	R1 = 0,0912, wR2 = 0,1964

Le complexe [{Zn(N$_2$H$_4$C$_3$)(OCHO)}$_2$(μ-N$_2$H$_3$C$_3$)$_2$] cristallise dans le système triclinique et le groupe d'espace P$\bar{1}$, avec deux molécules dans sa cellule unitaire.

La structure cristalline de ce complexe montre que chaque atome de zinc est dans un environnement tétraédrique où il est coordiné à trois atomes d'azote N1, N3, N3' et à l'atome d'oxygène O1 de chaque ion formate. Dans cette organisation, les liaisons de coordination formées ont pour longueurs Zn(1)-N(1)= 2,02Å, Zn(1)-N(3)= 2,01 Å, Zn(1)-N(3')= 2,01 Å, et Zn(1)-O(1) =1,98 Å. Les angles de liaison décrivant ce tétraèdre irrégulier sont : N(1)-Zn(1)-O(1)= 116,4°, N(3)-Zn(1)-O(1)= 103,2°, N(3')-Zn(1)-N(1)= 99,4°, N(4)#1-Zn(1)-N(3) = 110,9°. Quelques angles et longueurs de liaison présents dans cette molécule sont résumés dans le tableau 3-4.

Tableau 3-4: Quelques longueurs et angles de liaisons sélectionnés de [{Zn(N$_2$H$_4$C$_3$)(OCHO)}$_2$(μ-N$_2$H$_3$C$_3$)$_2$]

Liaisons	Longueurs (Å)	Angles	Valeurs (°)
Zn(1)-O(1)	1,98	N(1)-Zn(1)-O(1)	116,4°
Zn(1)-N(3)	2,01	N(3)-Zn(1)-O(1)	103,2°
Zn(1)-N(1)	2,02	N(3')-Zn(1)-N(1)	99,4°
Zn(1)-N(4)#1	1,98	N(4)#1-Zn(1)-N(3)	110,9°
Zn(2)-N(5)	2,00	N(4)#1-Zn(1)-O(1)	114,5

Dans le complexe le carboxylate (O=CH-O$^-$) adopte le mode de coordination monodentate. On observe également cette géométrie de coordination autour du zinc dans le complexe bisformatobis(2-isopropylimidazole)zinc(II) [Zn(N$_2$H$_{10}$C$_6$)$_2$(OCHO)$_2$] [11] où N$_2$H$_{10}$C$_6$ est le ligand.

Diverses interactions sont présentes dans le complexe isolé [{Zn(N$_2$H$_4$C$_3$)(OCHO)}$_2$(μ-N$_2$H$_3$C$_3$)$_2$]:

* les liaisons hydrogènes intermoléculaires fortes (1,99 Å) et intramoléculaires faibles (2,45Å). Ces liaisons impliquent un des oxygènes du carboxylate et l'hydrogène fixé sur l'azote de la pyrazole neutre (**fig 3-8**).

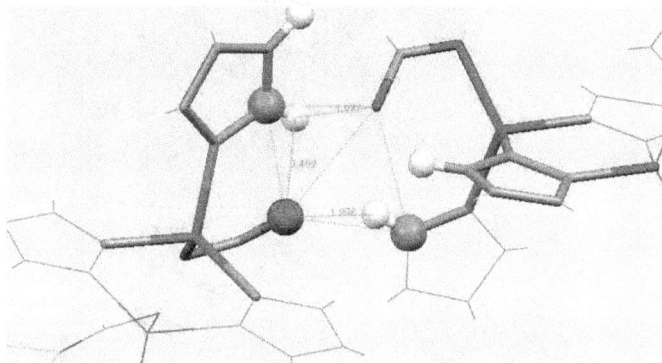

Figure 3-8: *Les liaisons hydrogène intermoléculaires et intramoléculaires de*
[{Zn(N₂H₄C₃)(OCHO)}₂(μ-N₂H₃C₃)₂]

L'analyse aux rayons-X de ce complexe donne des longueurs de liaisons hydrogène
(Tableau 3-5).

Tableau 3-5 : *Longueurs(Å) des liaisons hydrogènes observées dans*
[{Zn(N₂H₄C₃)(OCHO)}₂(μ-N₂H₃C₃)₂] ainsi que quelques angles (°)

D-H...A	d(D-H)	d(H...A)	d(D...A)	<(DHA)
N(8)-H(8N)...O(4)	0,88	2,45	3,039(11)	124,9
N(8)-H(8N)...O(2)	0,88	2,00	2,803(11)	152,1
N(2)-H(2N)...O(2)	0,88	2,45	3,031(11)	123,8
N(2)-H(2N)...O(4)	0,88	1,98	2,790(11)	153,2

* les interactions π---H (2,87Å) intermoléculaires s'établissant entre les électrons-π du
noyau pyrazolique et les hydrogènes de la molécule voisine (**fig 3-9**).

* les interactions hydrogènes intermoléculaires O...H-C = 2,48 Å impliquant un des
atomes d'oxygène du carboxylate et l'hydrogène du noyau de la pyrazole. (**fig 3-9**)

31

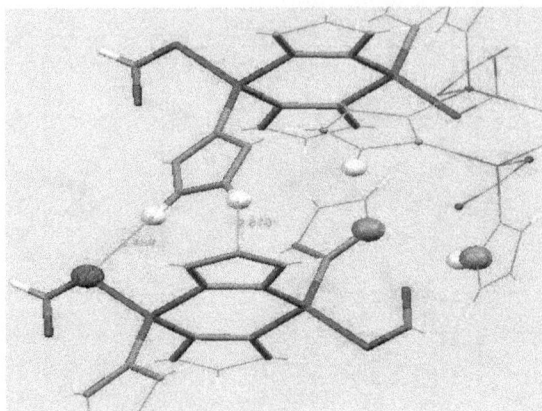

Figure 3-9 : *Interactions hydrogènes intermoléculaires (2,48 Å) et interactions*
π...H intermoléculaires (2,87Å) de [{Zn(N$_2$H$_4$C$_3$)(OCHO)}$_2$(µ-N$_2$H$_3$C$_3$)$_2$]

* les interactions π----π = 3,76Å s'établissant entre les électrons-π de deux des noyaux pyrazoliques du matériau (**fig 3-10**)

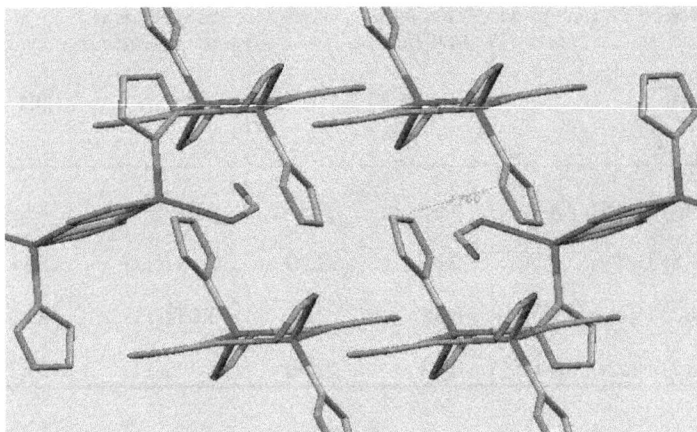

Figure 3-10: *Interactions intermoléculaires π-π de [{Zn(N$_2$H$_4$C$_3$)(OCHO)}$_2$(µ-N$_2$H$_3$C$_3$)$_2$]*

Certaines de ces interactions sont susceptibles d'induire dans ce matériau des propriétés particulières.

Les liaisons hydrogènes contribuent à générer dans le réseau cristallin de ce matériau deux chaînes croisées des pyrazoles anioniques toutes sanwitchant les atomes de zinc. (**fig 3-11**)

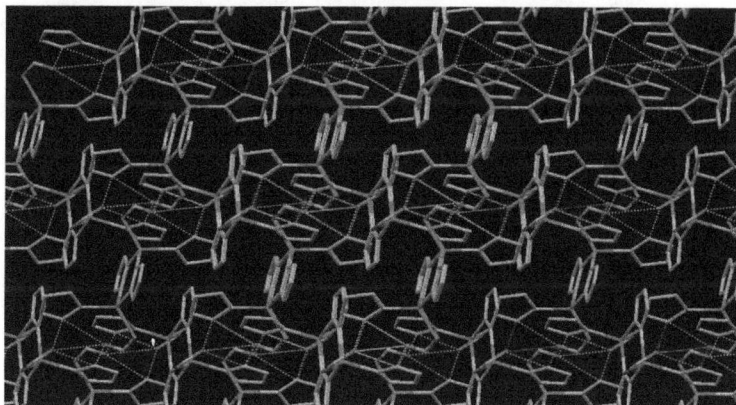

Figure 3-11 : *Réseau cristallin de [{Zn(N$_2$H$_4$C$_3$)(OCHO)}$_2$(µ-N$_2$H$_3$C$_3$)$_2$]*
présentant les chaines croisées des pyrazoles

A ces liaisons hydrogènes s'ajoutent diverses autres interactions et l'ensemble participe à la cohésion du réseau cristallin du matériau. Ce réseau cristallin montre clairement des cavités ouvertes en forme de zig-zag. (**fig 3-12**) Ces cavités sont susceptibles de fixer des molécules de tailles adéquates.

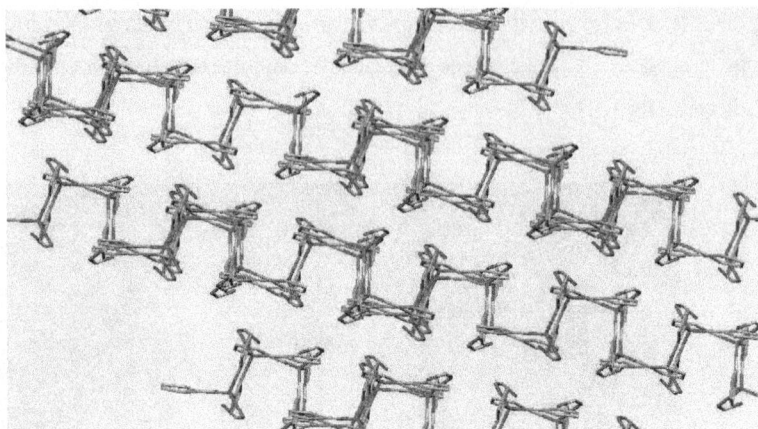

Figure 3-12 : *Réseau cristallin de [{Zn(N₂H₄C₃)(OCHO)}₂(μ-N₂H₃C₃)₂] présentant des cavités ouvertes en forme de zig zag*

Les autres données cristallographiques de ce composé sont consignées dans les tableaux suivants

Tableau 3-6 : *Coordonnées atomiques (x 10^4) et paramètres de déplacement isotropiques équivalents (Å^{2}x10^3) de [{Zn(N$_2$H$_4$C$_3$)(OCHO)}$_2$(μ-N$_2$H$_3$C$_3$)$_2$] U (eq) est défini comme étant le tiers de la trace du tenseur orthogonalisé Uij.*

	x	y	z	U(eq)
Zn(1)	3986(1)	4223(2)	947(1)	34(1)
O(1)	4982(10)	3482(10)	1944(5)	44(2)
O(2)	3445(9)	4936(10)	2773(5)	42(2)
N(1)	1399(11)	3505(12)	722(6)	40(2)
N(2)	282(10)	3847(12)	1354(6)	37(2)
N(3)	4489(11)	2851(12)	-289(6)	35(2)
N(4)	5037(10)	3409(11)	-1052(5)	31(2)
C(1)	-1317(13)	3378(14)	930(8)	40(2)
C(2)	-1255(14)	2724(16)	-30(9)	50(3)
C(3)	453(13)	2809(15)	-138(8)	42(3)
C(4)	5030(13)	2030(15)	-1767(8)	41(2)
C(5)	4416(15)	689(15)	-1480(8)	45(3)
C(6)	4086(14)	1211(14)	-532(8)	38(2)
C(7)	4419(13)	4119(15)	2724(8)	41(3)
Zn(2)	120(1)	7958(2)	4677(1)	33(1)
O(3)	-1757(9)	5841(10)	4326(5)	43(2)
O(4)	100(9)	5340(9)	3280(5)	38(2)
N(5)	-426(10)	9109(10)	5961(6)	31(2)
N(6)	-279(10)	10746(10)	6260(6)	30(2)
N(7)	2506(10)	7950(11)	5082(6)	35(2)
N(8)	3444(10)	7098(11)	4567(6)	35(2)
C(8)	-626(13)	10948(14)	7231(7)	38(2)
C(9)	-801(14)	9749(16)	7506(8)	43(2)

Tableau 3-7: *Coordonnées des atomes d'hydrogènes (x 10^4) et paramètres isotropiques de déplacement ($\mathring{A}^2$x 10^3) pour [{Zn(N$_2$H$_4$C$_3$)(OCHO)}$_2$(μ-N$_2$H$_3$C$_3$)$_2$]*

	x	y	z	U(eq)
H(2N)	572	4322	1972	45
H(1)	-2308	3480	1236	47
H(2)	-2185	2300	-522	60
H(3)	884	2432	-728	51
H(4)	5414	2042	-2380	49
H(5)	4236	-411	-1849	54
H(6)	3652	527	-128	45
H(7)	4789	3941	3301	49
H(8N)	3068	6353	4012	42
H(8)	-713	11949	7631	45
H(9)	-931	9679	8145	52
H(10)	-976	7366	6699	44
H(11)	5911	7091	4774	47
H(12)	6083	9270	6330	50
H(13)	3194	9700	6362	42
H(14)	-2035	3878	3338	43

Tableau 3-8: *Paramètres anisotropiques de déplacement ($Å^2$x 10^3) de L'exposant du [{Zn ($N_2H_4C_3$)(OCHO)}$_2$(μ-$N_2H_3C_3$)$_2$] facteur anisotropique de déplacement prend la forme: - $2\pi^2[h^2 a^{*2}U^{11} + ... + 2 h k a^* b^* U^{12}]$*

	U^{11}	U^{22}	U^{33}	U^{23}	U^{13}	U^{12}
Zn(1)	23(1)	50(1)	24(1)	-6(1)	-2(1)	19(1)
O(1)	35(4)	67(5)	30(3)	-3(4)	1(3)	31(4)
O(2)	33(4)	59(5)	28(4)	-8(3)	-4(3)	23(3)
N(1)	23(3)	62(6)	26(4)	-9(4)	-2(3)	16(4)
N(2)	24(4)	54(6)	27(4)	-9(4)	-2(3)	19(4)
N(3)	25(4)	49(5)	28(4)	0(3)	-1(3)	16(4)
N(4)	29(4)	44(4)	19(3)	-1(3)	-2(3)	16(4)
C(1)	23(4)	51(6)	41(5)	-1(5)	-3(4)	18(5)
C(2)	25(5)	66(8)	44(5)	-6(6)	-12(4)	14(5)
C(3)	22(4)	60(7)	35(5)	-6(5)	-6(4)	15(5)
C(4)	31(5)	53(6)	25(4)	-8(4)	-1(4)	9(5)
C(5)	47(6)	42(5)	38(5)	-7(4)	-1(5)	16(5)
C(6)	33(5)	46(5)	33(5)	3(4)	-3(4)	18(4)
C(7)	29(5)	64(7)	26(4)	-2(5)	-3(4)	22(5)
Zn(2)	23(1)	47(1)	26(1)	-5(1)	-2(1)	18(1)
O(3)	22(3)	59(5)	40(4)	-6(3)	5(3)	16(3)
O(4)	31(4)	43(4)	33(4)	-3(3)	2(3)	14(3)
N(5)	23(4)	39(4)	30(4)	-3(3)	-2(3)	17(3)

CONCLUSION ET PERSPECTIVES

Le but de ce travail était de synthétiser et de caractériser le dimère complexe homonucléaire neutre bis(μ-pyrazolato-)bis[(formato)(pyrazole)zinc(II)] de formule brute [{Zn(N$_2$H$_4$C$_3$)(OCHO)}$_2$(μ-N$_2$H$_3$C$_3$)$_2$].

A la fin de ce travail, nous avons obtenu un matériau incolore avec un rendement assez bon. Ces cristaux ont été analysés en utilisant diverses techniques telles : l'analyse micro-élémentaire, la mesure du point de fusion, les spectroscopies infra rouge et RMN, l'analyse thermogravimétrique (**ATG**) et la diffraction aux rayons-x (**DRX**) sur monocristal. Les résultats obtenus nous ont permis de conclure que le matériau isolé est bien le complexe homononucléaire neutre bis(μ-pyrazolato-)bis[(formato)(pyrazole)zinc(II)]. En déterminant sa structure cristalline on observe clairement la coordination de trois atomes d'azote et un atome d'oxygène au métal.

Dans la suite de nos travaux, nous pensons déterminer et évaluer quelques propriétés susceptibles d'exister dans ce matériau.

Nous envisageons également élargir cette famille des dimères homonucléaires en utilisant comme réactifs :

❖ Les autres sels des métaux et la pyrazole;

❖ Les autres sels des métaux et les dérivés de pyrazole;

❖ Le zinc formate-eau(1/2) et les dérivés de pyrazole;

❖ Le zinc formate-eau(1/2) et l'imidazole.

REFERENCES BIBLIOGRAPHIQUES

1-D. Njifakoué, T. Sop, I. Njifoué, J. Ngouné, *Synthese, caractérisation spectroscopique et structurelle de la supramolécule*

{[Cu(NDC)(tn)(OH2)(μ-OH2)]n.1/2H2O} Journées de Chimie Analytique Université de Yaoundé 1(**2009**) et références y citées.

2- O. B. Benedi, **Contribution à l'élaboration de molécules paramagnétiques précurseurs d'édifices supramoléculaires à couches ouvertes : polyradicaux à squelette phosphoré et complexes organo-metalliques,** *Thèse de Doctorat*, Université de Bordeaux I (France), (**2003**)

3- R. R. Crichton, *"Biological Inorganic Chemistry: an Introduction"*, Elsevier, (**2008**), p 197

4- D. M. Yufanyi, *Interaction of group 12 metal oxalates with some amino   acids (alanine and histidine)*, *Mémoire de D.I.P.E.S II*, Université de Yaoundé1 (Cameroun) (**2005**)

5-"Galvanic Cell". The new international encyclopedia. Dodd, Mead and company.(**1983**), p 80

6 - M. Darcy, *Métallurgie du zinc*, Editions Techniques de l'ingénieur (**1988**) p 90

7- P. Routhier, *Voyage au monde du métal*, Éditions Belin, (**1999**), pp 100 - 105

8- J. Philibert, A. Vignes, Y. Bréchet, P. Combrade, *Métallurgie, du minerai au matériau*, Édition Dunod, (**2002**) pp 225 - 232

9 - E. Catherine. Housecroft & G Alan. Sharpe, *"Inorganic Chemistry"* Pearson-Prentice Hall, (**2005**) p 695

10- http://en.wikipedia.org/wiki/isotopes_of_zinc (consulté le 12-10-10)

11- C. N. Dzesse, **les composés de coordination dérivant des sels des métaux de transition : synthèse et caractérisations du bisformatobis(2isopropylimidazole),** *Thèse de Master,* Université de Dschang (Cameroun) (**2009**) et références y citées.

41

12 - A. H. Shankar, A. S. Prasad, **Zinc and immune function: the biological basis of altered resistance to infection**. *Journal of American Clinical Nutrition* 68 (**1998**) 447-463

13 - J. Huang, H. Qing-Hong, J. Zhang, L. Hong. Zhou, Jiang Wu, L. Qiang-Lin, L.Kun, J. Ning , L. Hong-Hui, Y. Xiao-Qi, **dinuclear zinc (II) complexes of macrocyclic polyamine ligands containing an imidazolium bridge: synthesis, characterization, and their interaction with plasmid DNA,** *International Journal of Molecular Sciences* 8 (**2007**) 606-617

14- G. Wilkinson, R. D. Gillard, J. A. McCLEVERTY, *Comprehensive Coordination Chemistry I*, volume 6 , Pergamon Press p 764

15- C. Talmard, **Interaction entre le ZINC(II) et le peptide amyloide beta lié à la maladie d'Azheimer,** *Thèse de Doctorat*, Université Paul Sabatier Toulouse III (France) (**2007**)

16- N. L. Allinger, M. P. Cava, D. C. De Jongh, C. R. Johnson, N. A. Lebel, C. L. Stevens, *Chimie Organique*, McGraw-Hill, (**1987**), pp 213 - 271

17- A. Cingolani, Effendy, D. Martini, M. Pellei, C. Pettinari, B. W. Skelton, A. H. White, *Silver derivatives of tris(pyrazol-1-yl)methanes. A silver(I) nitrate complex containing a tris(pyrazolyl)methane coordinated in a bridging mode, Inorganica Chimica Acta 328,* (**2002**), 87-95.

18- C. Pettinari, *Scorpionates II* : *Chelating borate ligands*, Imperial College Press, (**2008**)

19- I. Njifouh, *les métaux du groupe 11 et dérivés de la bis(indazolyl)méthane : synthèse et caractérisations de dichlorido(α,α-bis(indazolyl)methane)diméthylformamidecuivre(II), [CuCl2(DMF)(N4H12C15)] Mémoire de DIPES II,* Université de Yaoundé-1 (Cameroun), (**2010**) et références y citées.

20- C. M. Mouafi, **dérivés de la bis(indazolyl)methane et métaux du groupe 12: synthese et caractérisations du bis(di(1H-indazol-1-yl)methane dinitratozinc(II),** *Thèse de Master of Science*, Université de Dschang (Cameroun), (**2010**) et références y citées

21- A. Cingolani, S. Galli, N. Masciocchi, L. Pandolfo, C. Pettinari, A. Sironi, *The competition between acetate and pyrazolate in the formation of polynuclear Zn(II) coordination complexes, Dalton Transaction.* 20, (**2006**), 2479-2486.

22- M. K. Ehlerts, T. N. Rettig, A. Storr, R. C. Thompson, J. Trotter, *Synthesis and X-ray crystal structure of the 3,5-dimethylpyrazolato copper(I) trimer, [Cu(pz")]3* *,Canadian Journal of Chemistry.* 68, (**1990**), 1444-1449

23- H. V. R. Diasa, S. A. Polacha, Z. Wang, Wang, *Coinage Metal Complexes of 3,5-bis(trifluoromethyl) pyrazolate Ligand: Synthesis and Characterization of {[3,5-(CF3)2Pz]Cu}3 and {[3,5-((CF3)2Pz]Ag}3* , *Journal of Fluorine Chemistry.103,* (**2000**), 163-169

24- M. Casarin, C. Corvaja, C. Di Nicola, D. Falcomer, L. Franco, M. Monari, L. Pandolfo, C. Pettinari, F. Piccinelli, P. Tagliatesta, *Spontaneous self-assembly of an unsymmetric trinuclear triangular copper(II) pyrazolate complex, [Cu3(μ3-OH)(μ-pz)3(MeCOO)2(Hpz)] (Hpz = pyrazole). Synthesis, experimental and theoretical characterization, reactivity, and catalytic activity, Inorganic Chemistry.* 43, (**2004**), 5865-5876

25- F. Fache, E. Schulz, M. L. Tommasino, M. Lemaire, *Nitogen-containing ligands for asymmetric homogeneous and heterogeneous catalysis,Chemistry Reviews* 100, (**2000**), 2159-2231

26- A. Cabort, **Etude de ligands triamines tridentés de types BIS(PYRROL)PYRIDINE pour la coordination aux métaux de transition,** *Thèse de Doctorat* Université d'Orsay (Paris XI) (France) (**2002**).

43

27- K. Zeljko, Jacimovic, M.Vukadin, Leovac, D. Djordje, **Crystal structure of dicholoro-(3,5-dimethyl-1*H*-pyrazole-1-carboxamidine-*N,N'*)copper(II), Cu(C₆H₁₀N₄)Cl₂**, *Zeitschrift fur Kristallographie* 224, (**2009**), 569-570

28- http://en.wikipedia.org/wiki/Pyrazole (consulté le 06-05-10)

29- a-S. Trofimenko, *Geminal poly(1-pyrazolyl)alkanes and their coordination chemistry, Journal of American Chemistry Society* 92, (**1970**), 5118-5126

b- G. Papini, *New metal complexes supported by scorpionate and macrocyclic ligands: chemistry and biological studies, these de Ph.D* Université de Camerino (**Italie**) (**2007**) et références y citées

30- a- J. Xiaojun, L. Hui, Z, Bing, Z, Jingyan, *Coordination modes of bridge carboxylates in dinuclear manganese compounds determine their catalase-like activities, Dalton Transaction 40, (2009), 8714-8723*

b- U. Ryde, *Carboxylate Binding Mode in Zinc Proteins: A Theoretical Study, Biophysical Journal, 77, (1999), 2777-2787*

c- A. U. Rehman, S. Shahzadi, A. Saqid, M. Helliwell, *Octa-n-butylbis(μ2-4-chloro-3,5-dinitro-benzoato-K2O:O')bis(4-chloro-3,5-dinitro-benzoato-KO)di-μ3-OXO-tetratin(IV), Acta Chrystallographica 62, (2006), 1734-1736*

31- SAINT 6.02, BRUKER-AXS, Inc, Madison, WI53711-5373 USA, (**1997-1999**)

32- SADABS George Sheldrick, Bruker AXS, Inc., Madison, Wisconsin, (USA, **1999**)

33- M. C. Burla, R. Caliandro, M. Camalli, B. Carrozzini, G. L. Cascarano, L. De Caro, C. Gaico vazzo, G. Polidori, R. Spargna, *Journal of Applied Crystallography* 35 (**2005**) 381

34- SHELXTL 6.14, Bruker AXS, Inc., Madison, Wisconsin, USA, (**2002-2003**)

www.ingramcontent.com/pod-product-compliance
Lightning Source LLC
Chambersburg PA
CBHW020317220326
41598CB00017BA/1586